AF573503

RÉPARATION

DU

SABOT DES SOLIPÈDES

A L'AIDE DE LA GUTTA-PERCHA

ET DE SA DISSOLUTION DANS LE SULFURE DE CARBONNE

RÉPARATION

DU

SABOT DES SOLIPÈDES

A L'AIDE DE LA GUTTA-PERCHA

ET DE SA DISSOLUTION DANS LE SULFURE DE CARBONE

PAR

Désiré DELAMOTTE et Yves GEFFROY

Élèves de 4e année à l'école d'Alfort

AVEC LE CONCOURS

De M. LANNELUC

Maître de l'atelier des forges à la même école

PARIS

MENDEL, LIBRAIRE

49, BOULEVARD BEAUMARCHAIS, 49

1870

HOMMAGE DE RECONNAISSANCE

A NOS PARENTS & A NOS MAITRES

Nous devons adresser nos sincères remerciements à M. LANNELUC, dont le bienveillant et intelligent concours nous a été très-utile.

INTRODUCTION

L'ouvrage que nous osons livrer à la publicité a pour but de généraliser un moyen jusqu'ici inconnu de faire mieux adhérer la gutta-percha au sabot du cheval.

Depuis longtemps on a remarqué que, si cette substance offrait de grands avantages pour remédier à certaines affections du pied, elle laissait encore à désirer sous le rapport de son adhérence à la corne.

La préparation que nous conseillons aura, nous l'espérons, l'avantage de permettre l'emploi de la gutta-percha dans tous les cas qui réclament son application.

Nous croyons d'abord nécessaire de rappeler en quelques mots l'origine et les propriétés de la gutta-percha.

Nous relaterons ensuite les divers emplois de cette substance en médecine vétérinaire.

Nous traiterons enfin la partie principale de notre sujet : **le procédé que nous préconisons, ses indications et ses avantages.**

Origine de la gutta-percha. — La gutta-percha, encore appelée gomme de Sumatra, du nom de l'île où on la recueille, est le produit du suc d'un arbre forestier nommé *percha*, originaire de Singapore et répandu dans la presqu'île de Malacca et dans toutes les îles de l'Asie.

Le suc, appelé *gutta*, se recueille par le même procédé que le caoutchouc, c'est-à dire en incisant l'écorce et en recevant le liquide qui en découle dans des jattes appropriées à cet usage. Ce suc, épaissi et solidifié par l'action du temps et de l'air, constitue la gutta-percha.

Propriétés physiques. — Cette matière présente beaucoup d'analogie avec le caoutchouc. Elle est supérieure à celui-ci pour la rigidité et la résistance ; mais elle lui est au contraire inférieure du côté de l'élasticité. Elle ressemble à des rognures de cuir ou à de la corne. Elle est brunâtre, blanchâtre quand elle est pure, dure et flexible. Elle devient molle et élastique lorsqu'on la chauffe; dans l'eau bouillante, elle se pétrit facilement entre les doigts. C'est dans cet état qu'elle se soumet sans résistance à toutes les formes qu'on lui impose. Elle les garde en se refroidissant à l'atmosphère et reprend alors toutes ses propriétés physiques.

Propriétés chimiques. — Elle est plus légère que l'eau, insoluble dans celle-ci et dans l'alcool, soluble dans le sulfure de carbone; l'éther la gonfle et la dissout très-lentement; elle résiste à l'action des dissolutions alcalines et de l'acide chlorhydrique.

RECHERCHES BIBLIOGRAPHIQUES SUR L'EMPLOI DE LA GUTTA-PERCHA EN MÉDECINE VÉTÉRINAIRE.

Depuis longtemps les Asiatiques emploient la gutta-percha à divers usages, notamment à faire des manches de cognée. Elle était inconnue en Europe avant 1843, époque à laquelle e docteur William Montgomérie la vulgarisa; mais ce ne fut que vers 1850 qu'on s'en servit pour remédier aux défectuosités du sabot du cheval. Le docteur Gircu de Buzareingues la préconisa en 1851 pour remédier à l'aplatissement du pied; il conseille de remplacer par elle la plaque de cuir servant à mettre la sole à l'abri des corps contondants :

« La gutta-percha, dit-il, n'offre pas les inconvénients du « cuir se tassant par une pression prolongée, ce qui rend le fer « vacillant, et s'imprégnant d'humidité qui ramollit ensuite le « sabot et tend à augmenter sa mauvaise conformation. »

Dans le recueil de 1852, M. Bouley donne la traduction d'une lettre adressée par M. Cooper, vétérinaire anglais, à l'éditeur du *Journal mensuel de Médecine vétérinaire*, lettre dans laquelle M. Cooper conseille l'emploi de la gutta-percha pour remplacer les soles artificielles en cuir. Il rappelle qu'il n'est pas le premier à préconiser cette substance, et que le docteur Gibre de Stepney en a parlé avant lui.

En 1861, M. Defays, dans les *Annales de Médecine vétérinaire*, publia un article dont nous extrayons les passages suivants :

« Il faut que la matière dont on se sert pour la réparation « artificielle du sabot ait la *consistance* de la corne pour sup« porter sans se fendre l'implantation des clous; qu'elle se « *ramollisse* facilement pour se mouler sur les surfaces avec « lesquelles on la met en contact; qu'elle soit *insoluble* dans « l'eau pour ne pas s'altérer lorsque les pieds sont dans l'hu« midité, et enfin qu'elle puisse se *souder au sabot* et faire corps « avec lui. L'absence de cette dernière propriété laisserait per« sister au point de contact une fente dans laquelle les ma« tières étrangères pourraient pénétrer et à la longue s'y accu« muleraient en grande quantité pour soulever et détacher les « pièces artificielles.

« Un fait qui s'est passé en 1851 va confirmer ce que nous « avançons : nous avions appliqué la gutta-percha pure pour « réparer une brèche que présentait le sabot d'un cheval ap« partenant à M. le général Barremans ; mais, quoique nous « eussions pris la précaution d'augmenter l'adhérence au « point de contact en implantant de petites pointes métalliques « dans les bords de la division, la matière plastique ne resta « appliquée que pendant un petit nombre de jours : les corps « étrangers avaient pénétré dans la pièce artificielle juxta« posée, l'avaient soulevée, et les percussions des pieds sur le « sol l'avaient ensuite détachée complètement. »

M. Defays, pour faire adhérer la gutta-percha, la mélange à la gomme ammoniaque. Il dit en avoir obtenu de bons résultats; il l'emploie d'abord pour un pied dérobé et sa substance reste adhérente jusqu'à la ferrure suivante. Ensuite, pour remplacer la corne enlevée dans une opération de seime en pince, afin de permettre l'utilisation de l'animal avant l'avalure de la corne.

Enfin, pour exhausser la paroi interne du sabot d'un cheval se coupant aux membres postérieurs par défaut d'élévation du quartier interne.

Sous le titre de : *Réparation du sabot des solipèdes par la corne artificielle de Defays*, MM. Leisering et Hartmann donnent, dans le *Nouveau traité de Maréchalerie*, un article très-élogieux de cette découverte.

Les auteurs, en se basant sur leurs propres expériences, arrivent à cette conclusion que l'emploi de la corne artificielle est à recommander :

« 1° Lorsque la muraille est très-courte, et surtout lorsque « les talons sont trop bas ;

« 2° Dans les talons rentrés, les pieds plats, les pieds com- « bles, les pieds-bots;

« 3° Dans toutes les espèces de seime. Ici la corne artificielle « ne sert pas seulement à cacher la fente, mais principalement « à lier et à maintenir solidement les fibres cornées qui se sont « séparées, et à prévenir ainsi le progrès du mal en empê- « chant la nouvelle corne de se fendiller ;

« 4° Dans les séparations à la ligne blanche (paroi creuse); « il va de soi que ces surfaces doivent être sèches;

« 5° Lorsque la fourchette est trop petite, afin de lui donner « assez de dimension pour qu'elle puisse être exposée à la « pression du sol. »

A l'époque même où M. Defays avait conçu l'idée d'appliquer la gutta-percha à la réparation du sabot, un brigadier-maréchal du 3e régiment d'artillerie, M. Pontoise, poursuivait de son côté le même but (1).

M. Jeannin, vétérinaire en premier du régiment auquel M Pontoise est attaché comme maréchal, a rendu compte à Son Excellence M. le ministre de la guerre, dans un rapport en date du 1er février 1862, des moyens employés par M. Pontoise pour réaliser son projet.

M. Pontoise a donné le nom de *guêtre* ou *paroi postiche* au revêtement de gutta-percha dont il enveloppe le sabot du cheval et dans lequel il implante les clous du fer comme dans la corne elle même. Voici en quoi consistait l'appareil tel qu'il était appliqué en premier lieu :

Une guêtre ou paroi postiche en gutta-percha était moulée sur toute l'étendue de la muraille du sabot qu'elle entourait

(1) Article de M. Bouley : *Recueil de* 1863. (*De l'emploi de la gutta-percha pour réparer les brèches du sabot du cheval.*)

complétement, la face inférieure du pied restant libre. Cette guêtre n'était pas collée, elle était simplement appliquée, et les clous fixant le fer étaient implantés dans cette fausse paroi.

Le cheval de M. Jeannin fut ferré ainsi des pieds antérieur droit et postérieur gauche, parce que les sabots étaient dérobés; il put faire, pendant tout le mois de novembre, son service à toutes les allures et sur tous les terrains possibles : sur la terre sèche, sur des routes fangeuses, sur le pavé, et sur des routes empierrées.

Au 1er décembre l'appareil tenait encore, mais moins solidement, il vacillait légèrement; le bord supérieur de la guêtre commençait à se désunir.

Cette première tentative ayant prouvé la possibilité de maintenir autour du sabot un revêtement de gutta-percha suffisamment adhérent pour servir d'implantation aux clous, le brigadier-maréchal modifia son procédé. Il enveloppa le sabot tout entier d'une couche de gutta percha qui lui formait une guêtre complète; le cheval de M. Jeannin fut ainsi chaussé des quatre pieds le 1er décembre, et les fers furent fichés sur la paroi postiche. Le 15 décembre l'enveloppe de gutta-percha n'avait subi aucun dérangement; mais, dans la deuxième quinzaine de ce mois, le sujet de cette expérience, qui était d'un naturel impatient et qui avait l'habitude de se croiser les jambes, finit par déchirer et arracher l'une après l'autre les chaussures du membre antérieur gauche et du membre postérieur droit, ce qui nécessita une nouvelle application des chaussures de gutta.

Cet accident démontrait que l'adhérence de l'enveloppe de gutta avec la corne n'était pas tout à fait suffisante pour répondre au but qu'on se proposait. Il s'agissait donc de trouver le moyen de rendre cette adhérence parfaite. Pour obtenir ce résultat, il fallait éviter l'introduction de l'air et de l'humidité entre le sabot et la fausse paroi; M. Jeannin aida M. Pontoise à la solution de ce problème : on tenta, *sans succès*, d'appliquer sur la corne une dissolution de la gutta percha dans le sulfure de carbone, tout comme s'il s'agissait d'une étoffe qu'on voudrait rendre imperméable. On essaya aussi de faire adhérer la gutta par l'intermédiaire de la glu marine, laquelle, composée de naphte, caoutchouc et gomme laque, est employée dans la marine pour coller intimement les parties constituantes des mâts qui sont si souvent attaqués par l'eau. Mais cette glu était cassante, et l'on n'obtint pas, par son intermédiaire, l'adhérence intime que l'on désirait.

M. Pontoise eut alors l'idée d'incorporer à chaud la glu marine à la gutta-percha, et, après de nombreux tâtonnements, il est parvenu à coller solidement ce mélange sur un sabot déchaussé provenant du clos d'équarrissage; il a complété l'expérience en y attachant un fer au moyen de clous implantés dans la couche de gutta-percha ainsi préparée.

Pour se rendre compte du degré d'adhérence de cette nouvelle chaussure, M. Jeannin a fait macérer le sabot, ainsi préparé, pendant vingt-quatre heures dans l'eau, et il a constaté que le liquide n'avait aucunement décollé la substance; que la fausse paroi était intimement adhérente, qu'il était impossible de l'arracher même avec les tenailles, enfin que les clous fixaient le fer d'une manière très-solide.

Ce résultat obtenu, les chaussures dont les pieds du cheval de M. Jeannin étaient garnis furent détachées des sabots antérieur droit et postérieur gauche le 2 janvier 1862, et le brigadier-maréchal les remplaça par des nouvelles faites avec le mélange dont il vient d'être parlé. Cette chaussure nouvelle adhéra solidement; il fallait moins de temps pour l'appliquer que la première, et l'on put employer moins de substance, ce qui permit d'alléger le sabot doublé de son enveloppe.

Les expériences de MM. Jeannin et Pontoise en étaient là lorsqu'ils eurent connaissance du procédé de M. Defays, qui a la plus grande analogie avec l'un de ceux que M. Pontoise avait essayés, à cette différence près que M. Defays n'avait pas employé la gutta-percha à la confection d'une paroi postiche complète, mais seulement à la réparation des bords dérobés.

M. Pontoise profita de cette indication. Le 15 janvier, la chaussure du pied postérieur gauche du cheval d'expérience fut enlevée quoiqu'elle fût encore très-solide, et on la remplaça par une autre faite d'après le procédé de M. Defays, avec un mélange intime d'une partie de gomme ammoniaque et deux parties de gutta-percha; l'expérience démontra que cette nouvelle chaussure était très-adhérente; mais, à force d'expérimenter, M. Pontoise finit par reconnaître que la gutta-percha pouvait être employée seule à la confection d'une paroi postiche sans qu'il fût nécessaire de l'associer à aucune autre substance. La condition de son utilisation exclusive, c'est qu'elle soit ramollie au bain-marie, et voici le procédé définitif auquel il s'est arrêté :

« La gutta-percha est ramollie au bain-marie, puis on « applique, avec une spatule, une première couche mince sur « toute la surface du sabot, le pied étant maintenu levé. Lors- « que cette première couche est refroidie, on la recouvre d'une « deuxième, et successivement ainsi jusqu'à ce qu'on ait « obtenu l'épaisseur voulue pour l'implantation des clous. « Comme le refroidissement de la gutta-percha est assez ra- « pide, et qu'en se refroidissant elle perd sa malléabilité, il « faut avoir à sa disposition des spatules chauffées ou des cau- « tères à l'aide desquels le moulage de la gutta-percha sur la « corne s'exécute d'une manière plus complète. Les spatules ou « les cautères servent notamment à faire pénétrer la substance « dans les profondeurs des lacunes de la face inférieure du « pied. Il va sans dire que là où il y a des brèches à réparer, « l'épaisseur des couches de gutta doit être augmentée propor- « tionnellement.

« L'opérateur doit aussi se servir de ses mains *mouillées* pour « manipuler la gutta ramollie et l'étendre autour de la paroi. « Quand elle n'est chauffée qu'au bain-marie, sa température « est tolérable ; elle l'est d'autant plus que ses mains sont plus « *ouvrières*.

« En résumant, l'opération qu'il s'agit de pratiquer ici est « absolument celle du moulage du sabot avec une substance « malléable qu'il faut avoir le soin d'appliquer à la tempéra- « ture de l'eau bouillante, en prévenant son refroidissement « par l'emploi d'instruments en fer modérément chauffés, à « l'aide desquels on étale la gutta-percha, et on l'applique plus « exactement dans toutes les anfractuosités de l'objet que l'on « se propose de modeler. Le pied du cheval doit être maintenu « levé pendant toute la durée de l'opération.

« Lorsque le moule de gutta est achevé et bien ajusté, on « hâte son refroidissement par des affusions continues d'eau « froide. Au bout d'une vingtaine de minutes le sabot postiche « est tout à fait solidifié. Cela fait, on ferre ce pied ainsi re- « vêtu de son enveloppe artificielle absolument comme un pied « ordinaire.

« Le fer étant ajusté sur les dimensions que donne au pied « sa chaussure de gutta, on le chauffe à environ cent degrés ;

« on l'applique chaud, mais très-rapidement, pour déterminer « une parfaite coaptation entre lui et la substance qu'il doit re« couvrir, puis on le refroidit et on l'attache avec des clous « brochés dans la fausse paroi. Une fois le cheval ferré, il « faut couper ou souder avec un cautère chaud les bavures de « gutta, et plonger enfin le pied dans un seau d'eau froide « pour solidifier la partie de substance que le cautère a « ramollie. »

Tel est le procédé de réparation des sabots dont M. Pontoise a réalisé l'application. Il s'est servi de ses guêtres pour un cheval fourbu appartenant à M. Jeannin et son procédé a bien réussi. Et en effet, après avoir été forcé d'amincir la paroi, la ferrure étant devenue tout à fait impossible, la gutta-percha fut appliquée pendant dix mois pour remplacer la paroi, et au bout de ce temps la ferrure put être faite normalement. L'une des guêtres dura trois mois.

« En suivant cette expérience M. Jeannin a constaté que « l'adhérence intime de la chaussure de gutta-percha avec le « sabot ne se prolongeait pas au-delà d'une quinzaine de jours « au niveau du biseau et des talons; que là une désunion s'opé« rait toujours par suite, sans doute, du jeu du sabot et de ses « alternatives de dilatation et de resserrement. Mais cette dé« sunion reste toujours limitée aux régions qui viennent d'être « indiquées; partout ailleurs la gutta demeure adhérente, et « son modelage entre elle et le sabot établit entre eux deux « une telle coaptation, que la chaussure ne bouge pas et ré« siste à tous les efforts de la locomotion (1). »

Le *réparateur* de M. Pontoise a aussi été essayé à l'école d'Alfort; et là encore il a offert des avantages réels en permettant l'utilisation immédiate d'un cheval guéri d'un crapaud, dont la maladie avait nécessité l'enlèvement d'une portion de paroi, telle que l'application d'un fer était impossible avant l'avalure de la corne, c'est-à-dire avant trois mois environ.

Il a été employé encore :

Pour relever la partie circulaire de la sole et remédier ainsi au bombement de la surface plantaire, dans le cas de fourbure chronique; de cette manière on peut appliquer un fer plat et rendre ainsi l'appui plus stable;

(1) *Recueil de médecine*, 1863, déjà cité.

Pour remédier aux talons bas et bleimeux, en interposant une lame de gutta-percha entre les éponges et les talons;

Pour remplacer l'épaisseur de la branche interne des fers destinés aux chevaux qui se coupent;

Enfin pour prévenir le retrait du sabot sur lui-même après l'usage des moyens désencasteleurs, en moulant dans les lacunes latérales de la fourchette des coins de gutta-percha.

Après avoir parlé des expériences de M. Pontoise, il est de notre devoir de reproduire à leur suite la lettre suivante :

« A Monsieur le Rédacteur en chef du *Recueil de médecine vétérinaire.*

« Sédan, le 30 avril 1863.

« Monsieur le Rédacteur,

« Dans l'intérêt professionnel, je vous prie de bien vouloir insérer dans le *Recueil de médecine vétérinaire* la lettre suivante :

« Artillerie, 4e commandement, 5e division militaire, n° 1523. — Metz, le 18 octobre 1863. — Copie d'une lettre adressée le 17 octobre 1853 par M. le général de division Legendre, inspecteur général d'artillerie, à M. le général de brigade commandant l'artillerie dans la 5e division militaire.

« Mon cher général,

« En date du 14 de ce mois, M. le ministre de la guerre m'écrit ce qui suit :

« Général, j'ai reçu, avec la lettre que vous m'avez fait l'honneur de m'écrire le 20 septembre dernier, un mémoire rédigé par M. Mourgues, aide-vétérinaire au 6e régiment d'artillerie, sur l'application de la gutta-percha à la ferrure des pieds défectueux et douloureux, et sur les résultats qu'il a obtenus. Je vous prie de faire connaître à M. Mourgues que son mémoire a été lu avec intérêt et qu'il a été soumis à la commission d'hygiène. Je ne puis, quant à présent, que l'encourager à persévérer dans les recherches qu'il a commencées.

« Veuillez, mon cher général, charger M. le colonel du

6e régiment d'artillerie de faire connaître à M. Mourgues le contenu de cette lettre.

« Le général, inspecteur général du 3e arrondissement d'artillerie,

« *Signé :* LEGENDRE.

« Pour copie conforme et pour notification :

« Pour le général de brigade empêché,

« *Le colonel d'artillerie,*

« *Signé :* BRAINE.

« J'ose espérer, Monsieur le rédacteur, que ces quelques lignes seront suffisantes pour démontrer que j'ai quelques droits à la priorité de l'idée que vous attribuez à mon ex-élève maréchal Pontoise, dans le dernier numéro de votre estimable journal, d'appliquer la gutta-percha à la ferrure des pieds défectueux et douloureux.

« J'ai l'honneur, etc.

« A. MOURGUES,

« Vétérinaire en 1er au 7e dragons. »

Dans le même recueil nous trouvons ensuite la lettre ci-dessous de M. Jeannin en réponse à celle de M. Mourgues.

« A Monsieur le Rédacteur en chef du *Recueil de médecine vétérinaire.*

« Vincennes, le 22 mai 1863.

« Monsieur le Rédacteur,

« Dans l'intérêt de la profession de vétérinaire, M. Mourgues réclame la priorité de l'idée relative à l'application de la gutta-percha à la ferrure des pieds défectueux et douloureux; j'ai d'autant moins songé à lui contester cette priorité que, en 1853, et par tous les moyens en mon pouvoir, j'ai fait ressortir le plus avantageusement que j'ai pu l'utilité des travaux de M. Mourgues, qui était alors sous mes ordres.

« Dans le rapport que j'ai adressé en 1862 à Son Excellence M. le ministre de la guerre sur les expériences du brigadier-maréchal Pontoise, je n'ai pas manqué de citer le nom de M. Mourgues, chaque fois qu'il avait droit à la priorité d'une idée, et cela dans les termes les plus précis et les plus obligeants.

« Soyez donc assez bon, monsieur le rédacteur, pour affirmer ce dernier fait à mes confrères du civil et de l'armée. Vos lecteurs comprendront aisément que, dans un long mémoire forcément chargé de détails minutieux, mémoire aussi ingrat à lire qu'à rédiger, les citations relatives à M. Mourgues aient pu échapper à votre attention concentrée sur le sujet traité.

« Après cette déclaration, dont on pourra constater la véracité sur les deux exemplaires de mon travail, déposés l'un à Alfort, l'autre au ministère, et pour éviter à mon égard toute interprétation défavorable pouvant résulter de la lettre vague et élastique de M. Mourgues, il me reste à indiquer quels sont les travaux exécutés en 1853 par ce vétérinaire et spécifiés dans son rapport ; puis à établir, d'une manière tranchée, les droits exclusifs de mon maréchal à l'invention originale, objet essentiel de mon mémoire. Cette invention a valu à son auteur, et de la part du ministre, une lettre de félicitations et une gratification de 400 francs ; ensuite votre approbation si précieuse, monsieur le professeur ; enfin, une médaille d'argent de première classe et une prime de 100 francs, décernées par la Société protectrice des animaux, digne assemblée où siégent des vétérinaires qui n'ont pas jugé sans examen.

« En 1853, M. Mourgues a très-avantageusement appliqué la gutta-percha sous forme de semelles, ou bandes moulées, interposées entre le pied et le fer pour soulager les pieds défectueux et douloureux; élever à volonté les talons ou la paroi tout entière, suivant la région sensible qu'il s'agissait de soustraire aux foulures au moment du poser du pied. La gutta-percha étant à la fois souple, résistante, imputrescible, indéformable à froid, qualités précieuses que ne peuvent offrir ni le feutre, ni le cuir, ni même le caoutchouc, substances qui, de temps immémorial, ont été essayées et aussitôt rejetées, l'idée de M. Mourgues était très-ingénieuse, et féconde en utiles applications. Les expériences de ce praticien n'allèrent pas plus loin.

« Après le brusque départ de ce vétérinaire, toujours en 1853, je ne pus trouver parmi les maréchaux qui l'avaient assisté aucun ouvrier de bonne volonté pour continuer ses essais, dont la réussite leur faisait redouter des complications à venir dans leur travail habituel, et peut-être aussi un rôle trop passif dans une innovation dont le vétérinaire recueillerait tout l'honneur.

« En 1856, j'ordonnai au maréchal-ferrant Pontoise, le seul qui pouvait avoir vu opérer M. Mourgues, et persiste aujourd'hui, à tort ou à raison, à dire qu'il n'a aucunement été initié par ce vétérinaire, j'ordonnai, dis-je, de placer une semelle de gutta entre le fer et le pied d'un cheval appartenant à M. le général Marey Monge, indiquant à mon ouvrier, visiblement embarrassé, les manipulations nécessaires, et mettant personnellement la main à l'œuvre en suivant la méthode de M. Mourgues. Ce cheval, très-vieux, boiteux, ruiné et incurable, n'ayant éprouvé aucun soulagement, le maréchal ne songea pas à expérimenter sur d'autres chevaux.

« C'est seulement à dater de 1859 que mon brigadier-maréchal, toujours d'après mes conseils pressants, commença à répéter les travaux de M. Mourgues, c'est-à-dire rien que des semelles plus ou moins complètes ou plus ou moins épaisses. Malgré la perfection qu'il apporta dans la confection de tous ces modèles, qu'il appliquait avec beaucoup de succès, je n'avais pas la moindre intention d'en rendre compte à la commission d'hygiène, qui avait depuis longtemps, sur ce sujet, le rapport et les modèles de M. Mourgues. Mais j'encourageai mon ouvrier, lui promettant de rédiger un mémoire en sa faveur s'il parvenait à créer du nouveau.

« L'occasion se présenta. Le brigadier-maréchal Pontoise, voyant mon propre cheval dans l'état déplorable que vous avez raconté et que tout le régiment connaît, conçut et mit à exécution l'idée hardie ainsi formulée, savoir :

« 1° De faire quatre pieds artificiels complets solidement adaptés à autant de moignons cornés, difformes, effilés par le bout, au lieu d'être évasés comme le sabot ordinaire;

« 2° D'attacher à chacun de ces pieds postiches un fer ordinaire de 400 grammes fiché par huit clous brochés exclusivement dans la couche de gutta-percha;

« 3° De faire marcher de suite et librement ce cheval qui ne pouvait même se tenir debout sur une moelleuse litière, tant ses pieds étaient dégradés et douloureux;

« 4° De faire durer cette chaussure jusqu'à usure complète du fer, répondant de la solidité de son point d'appui sur la corne, non moins que de la fixité d'attache des clous agrafés uniquement dans le sabot artificiel.

« Tout cela a été immédiatement réalisé ; l'animal a pu bientôt reprendre son service. Enfin, après six mois d'usage de cette chaussure, qui a tenu parfois jusqu'à quatre-vingt-dix jours, mon vieux cheval a recouvré la forme vierge et toutes les qualités primitives des beaux pieds qu'il possédait à l'âge de quatre ans.

« Le succès a été tellement complet, que cet animal qui, avant l'expérience, n'avait de prix que pour un équarrisseur, m'a été acheté, dix mois après, au prix de 500 francs, par une personne qui connaissait toute l'histoire de ce cheval.

« C'est cette invention merveilleuse de mon maréchal qui fait l'objet essentiel du rapport que vous avez bien voulu analyser, monsieur le rédacteur; encore, à ce propos, ai-je eu soin de rappeler les travaux de M. Mourgues comme point de départ de ceux de mon ouvrier.

« Quant au système de semelles de gutta, dont M. Mourgues a parlé le premier en 1853, je ne l'ai ajouté que pour mémoire dans un très-court appendice annexé à mon rapport, où, sur douze magnifiques modèles présentés par mon maréchal, je signale nominativement les *quatre premiers* comme ayant été inventés par M. Mourgues, dont le nom, oublié depuis dix ans, se trouve ainsi remis en évidence on ne peut plus consciencieusement et à dessein.

« Je vous demande bien pardon, monsieur le rédacteur, de ces longues explications, qui étaient pourtant indispensables pour éviter toute confusion entre les œuvres des deux inventeurs, et pour faire connaître aussi à nos confrères que, dans mon mémoire, qui m'a valu de la part du ministre une lettre de remerciements pour le bon esprit dans lequel mon travail était conçu, je n'ai pas plus porté atteinte à un intérêt professionnel qu'à un intérêt privé.

« J'ai voulu simplement établir que mon maréchal venait d'inventer un moyen d'appliquer solidement la ferrure ordinaire au pied du cheval sans implanter les clous dans la corne. Dans l'intérêt de la science, il était de mon devoir de faire connaître et de propager cette innovation qui conduira inévitablement à d'autres bons résultats.

« J'ai l'honneur d'être, etc.

« C. Jeannin,

« Vétérinaire en 1er au 3e d'artillerie. »

Nous trouvons après cette lettre la note suivante signée de M. Bouley :

« Puisque M. Jeannin croit devoir invoquer mon témoignage, chose bien inutile après ses affirmations, je me plais à attester que, dans le mémoire qu'il m'a remis entre les mains, il expose tout au long les expériences de M. Mourgues et les résultats qu'elles ont donnés entre ses mains. Si je me suis abstenu d'en parler, c'est que l'idée de confectionner avec la gutta-percha des semelles pour l'usage du cheval n'a rien d'original. Si M. Mourgues veut se donner la peine de rechercher dans le *Recueil de Médecine vétérinaire*, chose que je n'ai pas le temps de faire aujourd'hui, il y verra que cette idée appartient à un vétérinarian anglais, et que je l'ai fait connaître aux lecteurs du *Recueil*, il y a déjà pas mal d'années, en faisant l'analyse du vétérinairian, où elle se trouve exposée. D'un autre côté, M. Defays, bien mieux que M. Mourgues, serait en droit de réclamer ici une priorité, puisque ses travaux sur cette matière sont antérieurs à ceux de M. Mourgues. Mais il y a loin de ces premiers essais auxquels est arrivé M. le brigadier-maréchal Pontoise auquel appartient incontestablement l'idée, aujourd'hui réalisée, de faire avec la gutta-percha des sabots postiches complets solidement adhérents, dans lesquels le fer peut être fixé et rivé à l'aide de clous, comme dans un sabot véritable.

« M. Mourgues revendique M. Pontoise comme son élève; M. Pontoise se défend de cette filiation et la renie. Mais, quoi qu'il en soit de cette question secondaire, ce qui est certain, c'est que M. Pontoise a fait une chose nouvelle dont M. Mourgues n'avait pas eu l'idée. Il faut donc laisser à cet intelligent ouvrier le mérite de son utile invention.

» H. B. »

DÉCOUVERTE DU PROCÉDÉ

Comme on vient de le voir par nos recherches bibliographiques, pour rendre la gutta-percha adhérente au sabot, il fallait l'entourer complétement de cette substance; une application sur toute la paroi ne suffisait même pas, elle se détachait assez vite.

On ne faisait donc point d'applications locales dans les cas où elles auraient suffi, parce que l'on n'aurait pas pu les faire tenir; de là des dépenses plus grandes et une surcharge du poids du pied qui fatiguait toujours les animaux.

La dissolution de la gutta-percha dans le sulfure de carbone qui devait remédier à ces inconvénients n'avait été essayée que pour rendre le sabot imperméable, et cela sans succès.

Nous devons maintenant, pour rendre à chacun ce qui lui appartient, raconter comment cette dissolution a été employée pour fixer la gutta sur le sabot.

M. Lanneluc, maître de forges à l'école d'Alfort, à qui nous devons une grande partie des communications que nous allons faire, cherchait depuis longtemps le moyen de rendre la gutta mieux adhérente, quand il fit la rencontre d'un ouvrier s'occupant spécialement de souder les courroies et autres objets de cuir à l'aide de deux préparations dont il refusa de dire la composition. Pour souder ainsi des morceaux de cuir, après avoir préparé convenablement les abouts pour qu'ils s'adaptent bien ensemble, cet ouvrier les recouvrait des deux substances (le sulfure de carbone d'abord et ensuite la dissolution de gutta-percha dans ce sulfure); puis, passant dessus un fer chauffé à une assez basse température, il accolait les deux extrémités et les maintenait comprimées pendant un certain temps; il les battait en outre très-fortement avec le marteau. Les deux morceaux étaient alors aussi intimement unis qu'avec une suture de bourrelier.

M. Lanneluc, songeant immédiatement à essayer ces préparations pour souder la gutta au sabot, pria cet ouvrier de lui céder un flacon de chacune d'elles. La rencontre et l'idée furent très-heureuses : après quelques essais variés, M. Lanneluc remarqua que la gutta-percha tenait tellement fort au sabot qu'elle semblait faire corps avec lui, et cela même dans des applications très-circonscrites.

Notre maître de forges ayant eu l'obligeance de nous faire part de son procédé, nous avons examiné les deux substances. L'une était constituée par un liquide limpide répandant une odeur forte de chou pourri, ce qui nous permît de reconnaître le sulfure de carbone; l'autre avait la même odeur, mais était noirâtre et sirupeuse. Sachant que la gutta-percha était soluble dans le sulfure de carbone et insoluble dans l'alcool, nous avons traité cette deuxième préparation par celui-ci, ce qui nous donna un précipité de gutta-percha; l'évaporation nous donna aussi un résidu de gutta.

Ayant voulu savoir si les deux substances étaient absolument nécessaires, nous les avons essayées, d'abord ensemble, et ensuite nous nous sommes servi seulement de la dissolution de gutta-percha dans le sulfure de carbone, et nous avons reconnu que celle-ci remplissait parfaitement le même but que lorsque, avant son application, on revêtait le sabot d'une couche de sulfure de carbone pur.

MANUEL OPÉRATOIRE.

L'emploi du sulfure de carbone réclamant la connaissance de ses principales propriétés, nous croyons devoir les rappeler ici.

Le sulfure de carbone (CS^2), encore appelé acide sulfocarbonique, est un liquide incolore, fluide comme l'éther, se volatilisant très-vite. Son odeur est fétide, particulière, se rapprochant de celle de chou pourri; il tombe en gouttes au fond de l'eau, à laquelle il ne se mêle pas, mais il se mélange à l'éther et à l'alcool. Sa vapeur mêlée à l'oxygène détone fortement. Il brûle avec une flamme bleue, en donnant des acides carbonique et sulfureux; il *s'enflamme avec la plus grande facilité.* Les ouvriers qui respirent la vapeur de ce sulfure éprouvent d'abord de l'anorexie, des nausées, des vomissements, divers troubles digestifs, puis de l'hébétude, de la perte de mémoire, ou une grande mobilité intellectuelle avec des accès de violence, des vertiges, des troubles de la vue et de l'ouïe, de l'impuissance chez les hommes, la perte des désirs sexuels chez les femmes, des paralysies variées, surtout du mouvement, faits bien étudiés par Delpech.

Quoique ceci n'ait aucun rapport avec notre sujet, nous pouvons rappeler en passant un précieux service que rend, à la médecine, le sulfure de carbone. On mêle : le sulfure de carbone, 30 parties; teinture de camphre, 90 parties. Une compresse imbibée de cette solution et appliquée sur le siége de la douleur, lors même qu'il s'agit de coliques hépatiques, biliaires, etc., les fait cesser après cinq minutes. Il faut enlever ce topique au moindre sentiment de brûlure.

Préparation de la dissolution. — La dissolution devant être concentrée, la gutta-percha est mise en excès. Pour éviter une perte de sulfure de carbone, par suite de son évaporation, on doit avoir soin de couper d'abord la gutta en tranches assez minces, et de la mettre la première dans un solide flacon bouché à l'émeri; on ajoute alors le sulfure de carbone. On laisse dissoudre, en ayant soin d'agiter de temps en temps. Il faut environ 250 grammes de gutta pour un litre de sulfure. Si l'on devait s'en servir immédiatement, il suffirait, pour hâter la dissolution, de plonger le flacon dans de l'eau tiède, après l'avoir, au préalable, hermétiquement bouché. Chaque fois qu'on emploie la préparation, on doit avoir soin de remuer le flacon ; et, si l'on s'aperçoit que, par suite de l'évaporation du sulfure de carbone, il y a un assez grand dépôt de gutta, on ajoute une certaine quantité du liquide dissolvant.

Avant de faire l'application sur le sabot, il faut nettoyer et râper la corne sur toute la surface qui doit être recouverte de gutta-percha. Pendant ce temps celle-ci est ramollie au bain-marie ou dans l'eau chaude, à 50° ou 60°. Quand la gutta devient facile à manier on en prépare une plaque, de grandeur et d'épaisseur voulues, que l'on met ensuite dans l'eau chaude. On ne fait chauffer la gutta-percha que jusqu'à une température assez basse, afin que l'on puisse simplement la manier sans qu'elle adhère aux doigts; on étend alors, avec un pinceau, sur le sabot, la dissolution de gutta; puis, immédiatement après, on applique la plaque de gutta préparée. Il faut avoir soin, avant d'adapter celle-ci, de la dessécher à sa surface, à l'aide d'une toile quelconque, et, une fois appliquée, de se mouiller les doigts afin de la mouler plus facilement.

Pour niveler la gutta, on passe dessus un cautère, qui ne doit point être chauffé jusqu'au rouge, car alors elle s'enflamme comme toutes les résines et se consume en dégageant une fumée très-épaisse. Si le cautère est trop chaud, on le passe vivement dans l'eau froide. On ne doit se servir du cautère que lorsque la gutta-percha est entièrement refroidie, moment qui correspond à l'entière évaporation du sulfure de carbone ; nous avons en effet remarqué qu'en hâtant le dégagement du sulfure on rendait la gutta moins adhérente et qu'en même temps le contact du cautère faisait brûler le sulfure de carbone.

Le cautère employé par M. Lanneluc a la forme d'un cylindre arrondi à ses extrémités, d'un diamètre d'un centimètre environ et d'une longueur de six centimètres. De son milieu part perpendiculairement une tige se courbant à angle droit à trois centimètres du cautère, et dans une direction perpendiculaire aussi au grand axe du cylindre. La seconde portion de cette tige a trente centimètres de long et est adaptée à un manche. La couche de gutta doit être moins épaisse près de la couronne pour ne point entraver la pousse de la corne; de plus, si l'on veut éviter que cette couche se décolle supérieurement, il ne faut pas la faire monter jusqu'au bourrelet.

Lorsque le cautère est passé sur la plaque de gutta, on voit celle-ci se rétracter de sa face superficielle vers sa face profonde, diminuer ainsi d'épaisseur en se condensant, et se souder plus intimement à la corne.

L'application étant régulièrement faite, le pied est ferré; dans les cas où la gutta-percha doit être appliquée sur le fer, ce qui a lieu pour les pieds bleimeux et les pieds combles, on applique encore la dissolution avant la bande de gutta ; on nivelle aussi avec le cautère chaud après avoir enlevé les parties qui débordent le fer.

Toutes les fois que la gutta-percha sera employée, on devra avoir soin de la refroidir, après son application, à l'aide d'effusions d'eau, ou en plongeant le pied dans ce liquide. Il est nécessaire de bien se rappeler que la gutta-percha ne devient solidement adhérente qu'après son complet refroidissement, ce qui demande de deux à trois heures.

Par ce procédé, non-seulement les applications locales tiennent très-bien, mais encore, et à plus forte raison, les *appli-*

cations sur la paroi ou sur tout le sabot adhèrent beaucoup mieux que par les moyens employés jusqu'ici.

Comment agit le sulfure de carbone?

Nous croyons très-facile de nous expliquer son mode d'action. En effet, étant un dissolvant énergique de la gutta-percha, il rend celle-ci très-liquide et favorise par conséquent sa soudure avec le sabot en la faisant mieux pénétrer dans les plus petites anfractuosités de sa surface. D'un autre côté, par sa face superficielle, cette gutta-percha liquide doit nécessairement se souder très-intimement avec la couche, de même nature qu'elle, qui doit la recouvrir.

Indications et avantages de la dissolution de gutta-percha dans le sulfure de carbone.

Nous ne croyons pas devoir mieux faire à propos des indications et des avantages de notre procédé que de citer les expériences que nous avons faites, et les résultats que nous avons obtenus.

Mais avant, nous croyons utile de relater, entre autres, une des expériences comparatives que nous avons faites en nous servant, d'une part, de la gutta-percha seule, et, d'autre part, de la gutta avec sa solution.

Sur un cheval faisant à l'École le service des commissions nous avons, sans le secours de la dissolution, adapté au pied antérieur gauche une plaque de gutta sur le quartier externe.

Sur la même région du sabot antérieur droit, nous avons appliqué, par notre procédé, une couche de gutta de même poids que la précédente (13 grammes).

La première se détacha complétement le lendemain, lors du premier voyage que fit l'animal.

La seconde resta adhérente pendant quarante-huit jours, quoique durant tout ce temps le cheval fût soumis à son service ordinaire, et encore fallut-il alors une très-grande force pour la détacher : une maladie de pied était venue entraver notre expérience.

Pour mesurer comparativement l'adhérence de la gutta-percha dans ces deux modes d'emploi nous avons fait, sur deux sabots morts, deux applications égales, recouvrant deux cordes auxquelles nous avons suspendu des poids. Il a fallu 36 kilog. pour détacher la plaque de gutta adaptée seule, et 107 kilog. pour rompre l'adhérence de celle qui avait été soudée à l'aide de la dissolution. Les deux plaques de gutta pesaient chacune 55 grammes.

Emploi de la gutta-percha pour les seimes.

Dans le cas de seimes, la gutta-percha rend des services incontestables soit qu'on l'emploie avec l'aide des agrafes, soit qu'on s'en serve sans l'intervention de celles-ci.

Dans le premier cas, elle immobilise les agrafes, de plus elle empêche la pénétration des corps étrangers dans la solution de continuité du sabot, et favorise par conséquent la fusion des deux lèvres de la seime.

Dans le deuxième cas, sa première propriété se fait sentir directement sur les bords de la seime; quant à la seconde, elle est tout à fait mécanique et agit pareillement. Sa propriété d'immobilisation est due au rapprochement s'opérant entre ses molécules par le refroidissement. La condensation de celles-ci est telle, que nous avons vu la gutta-percha se rompre dans la partie correspondante à la seime plutôt que de céder à l'effort produit par la tendance du sabot à s'écarter en cet endroit. Cette propriété est très-importante, et, en effet, il arrive souvent, dans les chevaux fins, que le peu d'épaisseur du quartier ne permet par d'appliquer les agrafes : la gutta-percha en remplit alors parfaitement l'office.

Comme nous venons de le voir, la gutta-percha peut être employée seule, ou avec l'aide des agrafes, selon l'épaisseur de la paroi dans les pieds qui en réclament l'application.

En général, dans tous les cas où on pourra se servir des agrafes, il vaudra mieux les employer, car, comme nous l'avons déjà fait remarquer, la gutta peut se briser à l'endroit de la seime; ceci nous est arrivé dans le cas de seime en pince chez des chevaux de trait.

Mais la possibilité de la rupture des plaques de gutta serait-elle la seule cause qui fasse recommander les agrafes? La seime ne doit-elle pas être mieux immobilisée avec le secours de celles-ci? Nous n'avons jamais pu le prouver expérimentalement, pourtant nous croyons que la fusion des deux bords doit être plus rapide.

D'après cela, les agrafes devront donc surtout être employées dans les seimes en pince, cas où l'on peut d'ailleurs s'en servir presque toujours.

Quant aux seimes quartes, moins sujettes à s'écarter considérablement, elles pourront être traitées par la gutta-percha employée seule; on sait, en effet, qu'en quartier le pied du cheval, quelque service que fasse celui-ci, ne reçoit jamais ces pressions considérables s'accumulant en pince dans les pieds postérieurs de nos chevaux de trait.

I. — EXPÉRIENCES SUR LES SEIMES EN PINCE.

Première expérience. — Le 15 janvier nous avons appliqué, après avoir bien préparé les pieds, deux plaques de gutta sur deux seimes en pince (dont une antérieure droite et l'autre postérieure gauche) d'une jument appartenant à M. Maquart, équarrisseur à Paris.

Les seimes ont d'abord été barrées et recouvertes ensuite d'une plaque de gutta, mais dans leurs parties supérieures seulement. Il n'était pas nécessaire de les en revêtir inférieurement, attendu leur peu de profondeur en cette partie. Il suffirait donc d'une application faite en haut du sabot; c'est dans cette région, en effet, qu'il s'agit de maintenir en contact les deux lèvres de la solution de continuité, afin que les tubes cornés se soudent à leur sortie du bourrelet.

Nous avons fait marcher l'animal avant et immédiatement après l'application, et nous n'avons remarqué aucun changement. Il n'y avait pas de boiterie, il existait seulement une hésitation dans le poser du membre postérieur gauche.

Le 27 février, la ferrure ayant eu besoin d'être renouvelée, l'animal fut amené à l'Ecole; il existait entre chaque plaque de gutta et le bourrelet un espace d'un centimètre et demi environ. Une ligne à peine apparente marquait le trajet de la seime.

La gutta-percha était encore très-adhérente.

Le 18 mars, nous eûmes l'occasion de voir de nouveau le sujet de notre expérience; nous enlevâmes la gutta-percha à l'aide de tricoises, et nous pûmes constater que les deux lèvres de la seime étaient très-rapprochées, et que la corne de nouvelle formation, dans une étendue de près de trois centimètres, ne présentait plus de solution de continuité.

Pendant tout le temps que dura notre expérience l'animal ne cessa de faire un service très-pénible sur le pavé de Paris (au trot et souvent chargé).

2e *expérience.* — Le 28 janvier, M. Varre, de Montrouge, conduisit à l'École un cheval dont le sabot postérieur gauche présentait une seime en pince profonde et complète faisant assez fortement boiter l'animal.

Le propriétaire demandant à ce que l'on barrât la seime immédiatement, on lui conseilla d'attendre la disparition de la boiterie. Il laissa alors son cheval à l'écurie et entoura le pied malade d'un cataplasme.

Le 1er février la claudication ayant à peu près disparu, nous avons barré la seime et fait une application de gutta. Le 4 mars la plaque de gutta tient encore très-bien ; la corne formée depuis l'application ne présente pas de solution de continuité. Le 15 avril, l'animal nous est amené pour la dernière fois : la gutta-percha adhère encore très-bien, la seime ne se reproduit pas dans la corne de nouvelle formation.

3e *expérience.* — Le 29 février, à un petit cheval anglais, atteint de seime en pince au membre postérieur gauche, nous avons appliqué sur le sabot une couche de gutta par notre procédé, mais sans nous servir d'agrafes. Le 21 avril, les deux bords de la seime étaient très-rapprochés, et la gutta-percha, que nous arrachâmes, tenait encore assez solidement.

4e *expérience.* — Le 3 mars il fut amené à l'École un cheval ayant, à chacun des sabots postérieurs, une seime en pince : celle du côté gauche, beaucoup plus profonde que la droite, s'étendait du bourrelet au bord inférieur du pied ; quant à la droite, elle intéressait à peine la moitié de l'épaisseur de la paroi, et elle descendait jusqu'à environ la moitié de sa hauteur.

Une application de gutta fut faite sur chacune d'elles, et nous ne nous servîmes d'agrafes que du côté gauche.

Le 8 mars, le cheval nous fut présenté de nouveau et nous fûmes très-étonnés de voir l'arrachement complet de la gutta-percha et des agrafes appliquées au sabot gauche.

Nous ne pûmes immédiatement trouver la cause de ce fait, anormal pour nous. Ayant interrogé le propriétaire, il nous apprit que, au repos, son cheval avait l'habitude de trépigne constamment des membres postérieurs, et, en entrecroisant les membres, de poser les sabots l'un sur l'autre.

Ainsi avertis, nous fîmes une seconde application d'agrafes et de gutta et nous ne quittâmes l'animal qu'après dessèchement complet de la gutta-percha.

Pendant ce temps, en effet, nous eûmes beaucoup de peine à nous opposer à l'enlèvement de la gutta; l'animal parvint même à poser le pied droit sur le gauche, et l'éponge du fer s'imprima sur la gutta à peine solidifiée.

Le 22 avril, les deux plaques tenaient très-solidement, les compressions qu'elles avaient subies par le fer du membre opposé y avaient laissé de fortes empreintes, mais n'avaient pu parvenir à les détacher. Nous avons arraché la plaque de gutta du sabot droit pour constater l'état de la seime : celle-ci avait les deux bords très-rapprochés et la corne nouvelle ne présentait plus de division.

La plaque de gutta du sabot gauche tenait encore très-bien, vu la gravité de la seime, nous ne l'avons pas arrachée.

II. — EXPÉRIENCES SUR LES SEIMES QUARTES.

1re *expérience.* — Le 22 décembre 1869, il est amené à l'École un cheval atteint d'une seime quarte complète, profonde et saignante, au membre antérieur droit, côté interne. Comme la boiterie est très-marquée, qu'il y a écoulement de sang au bourrelet, nous n'appliquons la plaque de gutta que sur les deux tiers inférieurs seulement, craignant, en comprimant le bourrelet, d'augmenter la claudication.

Le 4 janvier l'application adhère très-bien ;

Le 28, on enlève avec le rogne-pied la gutta qui tient encore très-fort. Les deux bords de la seime, qui étaient très-écartés avant le traitement, sont tellement rapprochés que la solution de continuité n'est plus représentée que par une ligne dans les trois quarts inférieurs du sabot.

Supérieurement où il n'y avait point eu de gutta, l'écartement entre les bords de la fente est encore d'environ deux millimètres.

Comme il n'y a plus de boiterie, nous faisons monter cette fois jusqu'au bourrelet la nouvelle couche de gutta appliquée.

Le 21 mars, la gutta est arrachée ; la seime a entièrement disparu.

2e *expérience.* — Sur un cheval entré aux hopitaux de l'École le 22 janvier, atteint de deux seimes quartes profondes et complètes, aux deux membres antérieurs et du côté interne, nous obtenons la permission d'essayer notre procédé. Comme le cheval boitait, on mit deux cataplasmes autour des pieds jusqu'à la disparition de la boiterie, ce qui arriva au bout de cinq jours. Le 27 janvier on appliqua deux plaques de gutta sur les deux seimes qui étaient très-ouvertes ; l'animal quitta l'École le lendemain. Le 23 mars, ce cheval revint à l'École : les deux plaques de gutta étaient tombées la veille, les deux seimes étaient presque complétement disparues. Nous n'avons appliqué de nouvelles plaques de gutta que pour faire plaisir au propriétaire de l'animal.

3e *expérience.* — Cheval arabe atteint de deux seimes quartes aux deux membres antérieurs, côté interne. Deux plaques de gutta sont appliquées le 3 février. Le 26 avril les deux seimes sont disparues. L'animal, qui avait toujours boité, ne boite plus depuis notre application.

Sur un assez grand nombre d'autres chevaux les mêmes essais nous ont donné toujours de bons résultats.

EMPLOI DE LA GUTTA-PERCHA COMME MOYEN DÉSENCASTELEUR.

Depuis longtemps M. Lanneluc emploie, avec succès, la gutta pour les pieds encastelés. Il applique alors une plaque de cette substance dans les lacunes latérales et médiane du pied, et il adapte ensuite un fer à planche. On comprend facilement que cette planche du fer, pressant les trois coins de gutta enfoncés dans les lacunes, il se produise là une dilatation des talons; la gutta-percha agit encore dans ce cas en s'opposant à la dessiccation de la corne qu'elle recouvre. Nous avons suivi pendant deux ans les expériences de M. Lanneluc, et nous l'avons toujours vu obtenir d'excellents résultats de ce procédé. Il n'est point le seul, d'ailleurs, qui emploie ce moyen de remédier aux pieds encastelés, M. Pontoise a fait aussi publier les avantages qu'offre la gutta-percha dans cette circonstance.

BRÈCHES DU SABOT.

Cette espèce de corne artificielle que représente la gutta-percha remplit de très-grands services dans toutes les espèces de brèches du sabot. Lors des brèches que laissent les javarts opérés, les clous de rue, les seimes, les bleimes, le crapaud, le kéraphyllocèle, la fourbure, on est souvent embarrassé pour adapter des fers aux sabots plus ou moins détruits ; avec la gutta-percha, rien de plus facile que de reconstituer entièrement le sabot et d'appliquer un fer qui permette à l'animal de reprendre son service; les clous brochés dans cette corne artificielle tiennent tout aussi bien que dans la corne naturelle.

PIEDS BLEIMEUX.

La première indication à remplir pour les pieds bleimeux est d'appliquer un fer à planche; mais, si la fourchette est basse, plus ou moins atrophiée, ou si le maréchal a aminci la corne qui la constitue, la planche du fer ne peut plus reposer sur elle. C'est alors qu'on peut obtenir de très-bons effets de la gutta-percha, avec laquelle on fait une fourchette artificielle.

FOURBURE CHRONIQUE, PIEDS COMBLES.

Dans ces sortes d'affections il n'y a guère que la ferrure qui puisse donner quelques résultats. M. Lanneluc a pu très-souvent, dans ces cas, rendre les animaux utilisables en leur ap-

pliquant un fer évidé à l'anglaise, à talons nourris, et pourvu, sur sa face supérieure, d'une bande de gutta-percha.

CONCLUSION

Par ce nouveau procédé de rendre la gutta-percha adhérente il sera possible d'obtenir la guérison des seimes quartes et de favoriser celle des seimes en pince maintenues par les agrafes, car l'enduit de gutta préserve les seimes de la pénétration des corps étrangers dans leur intérieur.

Ce procédé est très-peu coûteux, la quantité de gutta nécessaire pour mettre sur les seimes étant très-faible (de 15 à 50 grammes suffisent). En outre, la gutta ne s'use pour ainsi dire pas, elle peut être employée indéfiniment : pour cela, on la nettoiera d'abord dans l'eau froide et ensuite dans l'eau chaude, en ayant soin de la malaxer pour faire mieux adhérer entre elles ses parties constituantes. Il suffira donc, si l'on veut s'en servir de nouveau, de la détacher lorsqu'elle sera près de tomber, pour éviter qu'elle ne se perde.

Nous ne croyons pas nous aveugler sur le mérite d'une découverte qui, nous nous empressons de le reconnaître, ne nous appartient pas, en assurant qu'elle peut rendre d'assez grands services. C'est la seule raison pour laquelle nous nous sommes empressés de la publier. Si cette découverte est véritablement utile, ce que l'avenir nous apprendra, nous aurons eu au moins l'honneur de sa publication; ceci suffira amplement à notre ambition.

D. DELAMOTTE,
de Lillebonne (Seine-Inférieure).

Y. GEFFROY,
de Lannion (Côtes-du-Nord).

Imprimé par Charles Noblet, rue Soufflot, 18.

www.ingramcontent.com/pod-product-compliance
Lightning Source LLC
LaVergne TN
LVHW050505160826
845677LV00003B/954

* 9 7 8 2 3 2 9 6 5 3 4 8 8 *